Melisa de los Ángeles Quinteros
María Gabriela Paraje
Paulina Laura Páez

Biosíntesis de Nanopartículas

Melisa de los Ángeles Quinteros
María Gabriela Paraje
Paulina Laura Páez

Biosíntesis de Nanopartículas

Estudio de los diferentes mecanismos de síntesis y posibles aplicaciones

Editorial Académica Española

Imprint
Any brand names and product names mentioned in this book are subject to trademark, brand or patent protection and are trademarks or registered trademarks of their respective holders. The use of brand names, product names, common names, trade names, product descriptions etc. even without a particular marking in this work is in no way to be construed to mean that such names may be regarded as unrestricted in respect of trademark and brand protection legislation and could thus be used by anyone.

Cover image: www.ingimage.com

Publisher:
Editorial Académica Española
is a trademark of
International Book Market Service Ltd., member of OmniScriptum Publishing Group
17 Meldrum Street, Beau Bassin 71504, Mauritius
Printed at: see last page
ISBN: 978-620-0-40809-9

BIOSÍNTESIS DE NANOPARTICULAS

Melisa de los Ángeles Quinteros

María Gabriela Paraje

Paulina Laura Páez

Contenido

Introducción

La Nanociencia fue definida por Takeuchi Naboru como el estudio de los procesos fundamentales que ocurren en las estructuras de un tamaño entre 1 y 100 nm, las cuales se conocen como nanoestructuras. La Nanotecnología es el área de investigación que estudia, diseña y fabrica materiales o sistemas a escalas nanoscópicas y les proporciona alguna aplicación práctica[1]. Los grandes avances que se han realizado en materia de Nanociencia han permitido descubrir las excelentes propiedades fisicoquímicas de la materia cuando se encuentran en tamaño nanométrico y sus diferencias de cuando se encuentran en un estado macro/micrométrico. Cuando una partícula disminuye en tamaño, una mayor proporción de átomos se encuentra en la superficie en comparación con su interior. Una mayor relación superficie/área cambia o mejora las propiedades de las nanopartículas (NPs) tales como reactividad, resistencia y características eléctricas.

En el área de la Biomedicina, hay dos características relevantes de las NPs que las distingue de los demás materiales: 1) debido a su tamaño pueden llegar con mayor rapidez y efectividad a un sitio blanco elegido luego de ser administradas y, 2) la relación superficie/área es mayor que en un material macroscópico, lo cual permite modificar su superficie con una mayor cantidad de moléculas activas ofreciendo una mayor exposición ante el blanco elegido[2,3]. Por lo tanto, si reducimos las dimensiones de un material, modificaremos sus propiedades y, en consecuencia, podremos diseñar materiales con características deseadas. Todos estos factores establecen la posibilidad de considerar a la

Nanotecnología como una alternativa prometedora a los estudios orientados a nuevos antimicrobianos, principalmente en áreas como nanotransportadores, diagnóstico y control de infecciones, sobre todo en el control de patógenos resistentes a los antimicrobianos de uso clínico[4].

La Nanomedicina se refiere a medicamentos, dispositivos médicos y productos de salud desarrollados utilizando como herramienta la Nanotecnología con el objetivo de diagnosticar, monitorear y tratar enfermedades a nivel molecular[5]. El hecho más revelador sobre los nanomateriales es que su tamaño es similar a muchas de las macromoléculas biológicas, lo que facilita su proyección y su uso tanto *in vivo* como *in vitro*. Es por ello que la terapia basada en Nanomedicina ofrece nuevas oportunidades para mejorar la seguridad y la eficacia de la terapia convencional[6]. Otro desafío incluye a las enfermedades infecciosas, donde los agentes antimicrobianos convencionales utilizados para su tratamiento poseen efectos secundarios adversos y/o los microrganismos desarrollan resistencia.

Tradicionalmente, un importante obstáculo para obtener la eficacia terapéutica es la baja especificidad del medicamento hacia el sitio blanco. Es por ello que las NPs pueden actuar como intermediarios en la interacción con múltiples biomoléculas, células y tejidos en organismos vivos según su tamaño. Por ejemplo, las NPs de solo unos pocos nanómetros se usan comúnmente en bioensayos y como sistemas de detección, explotando su alta relación superficie/área para lograr una alta sensibilidad. Durante las últimas dos décadas, un número creciente de nanomateriales han recibido la aprobación reglamentaria y muchas más se prometen para la utilización en la clínica[7].

Obtención de nanomateriales

Una de las clasificaciones que reciben las NPs es en orgánicas o inorgánicas. Las NPs orgánicas involucran principalmente al carbono (como fulerenos, puntos cuánticos, nanotubos de carbono, entre otros). Por otro lado, las NPs inorgánicas incorporan materiales semiconductores (como ZnO, ZnS y CdS), metales (como Au, Ag, Cu y Al) y materiales magnéticos (como Co, Fe y Ni). Cabe destacar que las NPs de Au y Ag (metales nobles) son las NPs cuyas características permiten una gran diversidad de aplicaciones[8].

Los métodos de fabricación de los nanomateriales, en general, se dividen en dos categorías: "*top-down*" (de arriba hacia abajo) o "*bottom-up*" (de abajo hacia arriba)[9] (Figura 1). El método "*top-down*" se lleva a cabo a partir de materiales de grandes dimensiones que se reducen hasta alcanzar tamaños de pocos nanómetros empleando técnicas como la molienda, el desgaste o la técnica de evaporación y condensación con la ayuda de un horno a presión atmosférica. En este método, la materia prima colocada en el centro del horno se vaporiza a estado gaseoso[10]. Una de las mayores limitaciones de este método son las imperfecciones que se pueden producir en la superficie del nanomaterial. Esto es importante ya que la mayoría de las propiedades físicas de las NPs dependen en gran medida de la estructura y de la química superficial[10].

El método *"bottom-up"* consiste en la construcción de estructuras a partir de átomos o moléculas en fase gaseosa o en solución, a semejanza de lo que ocurre en la síntesis de proteínas, ADN o estructuras celulares en los seres vivos. Este método es el más utilizado para la fabricación de nanomateriales[11]. A partir de este concepto, se han desarrollado diversos métodos químicos, físicos y biológicos que permiten la síntesis de NPs.

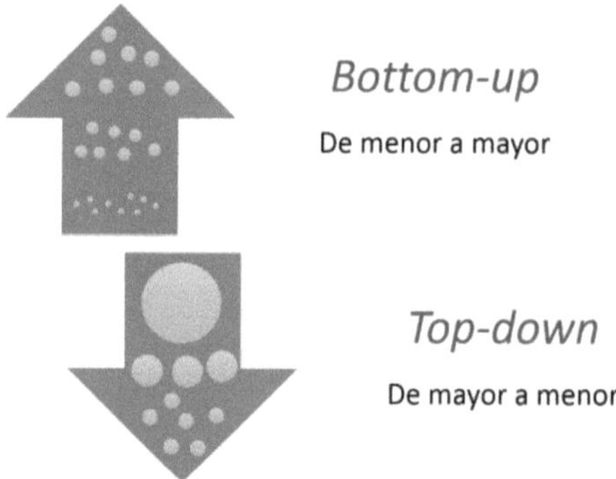

Figura 1. Mecanismos posibles de formación de nanoparticulas. Bottom-up de átomos a moléculas y posteriormente la formación de nanopartículas. Top-down desde el material "bulk" se realiza una molienda fina y posteriormente la obtención de nanoparticulas.

Procesos de síntesis de NPs

La obtención de NPs por procedimientos físicos involucra tanto la metodología *Bottom-up* como la *Top-down*. Las principales desventajas que presentan es que el rendimiento de la síntesis es bastante bajo y, lo que es más importante, el gasto de energía es muy alto. Varios métodos *Top-down*, incluyendo el desgaste (que es el más utilizado) y la pirólisis, se pueden emplear para la síntesis física de NPs.

En el método del desgaste, partículas de macroescala o microescala son molidas por un mecanismo de reducción de tamaño (por ejemplo, por medio de molinos de alta eficiencia). Las partículas resultantes son clasificadas, recuperándose solo aquellas de tamaño nanométrico. Los factores que afectan críticamente las propiedades de las NPs resultantes son el material, el tiempo de molienda y el medio atmosférico. En la pirólisis, un precursor orgánico (ya sea líquido o gas) es forzado a través de un orificio a alta presión y quemado a altas temperaturas. Las cenizas resultantes se clasifican para recuperar las NPs oxidadas[12]. El principal inconveniente de los métodos físicos es el enorme consumo de energía para mantener la alta presión y temperatura utilizada en el proceso.

La metodología *Bottom-up* se caracteriza por iniciar el proceso con la reducción de los iones a átomos, seguido por la agregación controlada de los mismos. La mayor ventaja del método de enfoque "de abajo hacia arriba" es la producción de una gran cantidad de NPs en un corto período de tiempo[11].

En el caso de los métodos químicos, se utiliza la reducción química con técnicas electroquímicas y fotoquímicas, siendo la primera la estrategia más empleada en el caso de NPs metálicas[13]. La principal ventaja de los métodos químicos es el alto rendimiento, al contrario de lo que ocurre con los métodos físicos. Por el contrario, algunas desventajas incluyen el uso de solventes tóxicos, la generación de subproductos peligrosos y el alto consumo de energía[13].

En los últimos años una de las áreas científicas más innovadoras e interesantes de la Nanotecnología fue la síntesis de NPs utilizando métodos ecológicos (química o síntesis verde), que son procedimientos ambientalmente amigables para la obtención de NPs. Los enfoques de síntesis verde incluyen polioxometalatos de valencia mixta, polisacáridos, métodos biológicos y de irradiación, que tienen grandes ventajas sobre los métodos convencionales que involucran agentes químicos relacionados con la contaminación ambiental[14].

Metodología *bottom-up*, síntesis química:

Convencionalmente, los nanomateriales se sintetizan utilizando métodos químicos que incluyen el proceso de sol-gel, formación de micelas, precipitación química, método hidrotérmico y deposición química de vapor[15-17]. Algunos de estos métodos son fáciles y están disponibles, permiten el control sobre el tamaño del material, con la posibilidad de la recuperación de los solventes utilizados.. Pero el problema aún existe para la obtención de productos con una buena estabilidad general y la obtención de NPs con tamaño monodisperso[18]. Por otro lado, se ha comprobado que muchas de las técnicas habituales son ineficientes en lo que respecta a la utilización completa del material y de la energía.

El procedimiento típico implica la obtención de NPs en un medio líquido que contiene varios reactivos, en particular agentes reductores, entre los que se incluyen el borohidruro de **Na**, hidracina, citrato de **Na** y algunos alcoholes[19-21]. Para prevenir la aglomeración de las NPs un agente estabilizante, como el Na dodecilbencil o polivinilpirrolidona, también se agrega al medio o mezcla de reacción[22-24]. Por ejemplo, Caswell y col. prepararon nanoalambres de **Ag** mediante la reducción de la sal de $AgNO_3$ con citrato de **Na** en medio básico[25]. En este estudio se presenta un método para hacer nanocables de **Ag** en agua, en ausencia de un tensioactivo o polímero para el crecimiento de NPs. La reacción es que la sal de **Ag** se reduce a **Ag** metálica, a 100 °C, por citrato de Na, en presencia de NaOH. La concentración de iones hidróxido es clave para producir nanocables, que tienen hasta 12 micrómetros de largo, en lugar de nanoesferas. El citrato de **Na** puede jugar el papel de reductor, de estabilizante o ambos. En principio, el tamaño promedio, la distribución de tamaños y la forma o morfología de las NPs pueden ser controlados variando la concentración de los reactantes, del reductor y del estabilizante, así como la naturaleza del medio dispersante. Turkevitch reportó el primer método estándar y reproducible para la preparación de coloides metálicos con citrato de **Na** (Figura 2)[26].

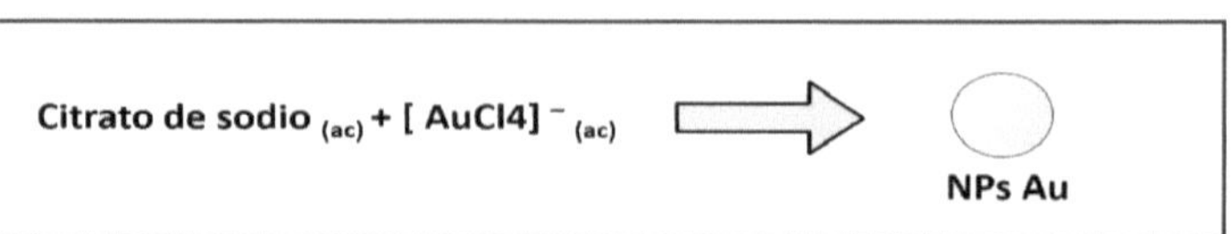

Figura 2. Método de Turkevitch para la obtención de NPs de **Au** por reducción

Díaz García y col. sintetizaron una serie de sistemas nanoestructurados a base de sílice SBA-15 (Santa Bárbara Amorfo) funcionalizados con cobre que contienen los ligandos como el ácido maleámico o imidazolina. Estos sistemas se caracterizaron por varios métodos y observaron que la funcionalización tuvo lugar principalmente dentro de los poros del sistema mesoporoso. Todos los materiales se caracterizaron por una variedad de técnicas típicas empleadas en química de estado sólido. Así, por ejemplo, los estudios de difracción de rayos X en polvo (DRX) mostraron que después de la funcionalización con los ligandos maleámico, imidazolina o **Cu**, los picos de difracción aparecen con una intensidad mucho menor en comparación con los del SBA-15 no modificado. La disminución de la intensidad está asociada con el bloqueo parcial de los centros de dispersión (poros) del material mesoporoso después de la funcionalización con los ligandos y/o el resto que contiene **Cu**[27].

Métodos biológicos, biosíntesis:

En los últimos años, se ha creado un gran interés por el término "biosíntesis", que básicamente consiste en la utilización de plantas, algas, hongos o bacterias para la producción de nanomateriales de bajo costo, eficientes desde el punto de vista energético y sin la generación de residuos tóxicos[28].

Para prolongar la vida útil de las NPs y evitar efectos no deseados como la agregación, es vital seleccionar agentes estabilizantes y formas de funcionalización que sean respetuosas con el medio ambiente, no tóxicos y fáciles de implementar. Las NPs biosintetizadas son más aceptables para aplicaciones médicas debido a una biocompatibilidad superior que las sintetizadas químicamente[29]. Esta biocompatibilidad estaría mediada por las biomoléculas que actúan como estabilizantes naturales de las NPs, impidiendo no sólo la agregación a lo largo del tiempo, sino también otorgándoles una estabilización adicional[30,31]. Además, los métodos de síntesis biológicos de NPs han demostrado ser mejores que los métodos químicos debido a que poseen una cinética más lenta de síntesis que ofrece un mejor control sobre el crecimiento de las NPs, un menor gasto energético involucrado en la producción, y la eliminación de productos químicos nocivos[32].

En la Figura 3 se resumen los diferentes métodos de obtención de NPs.

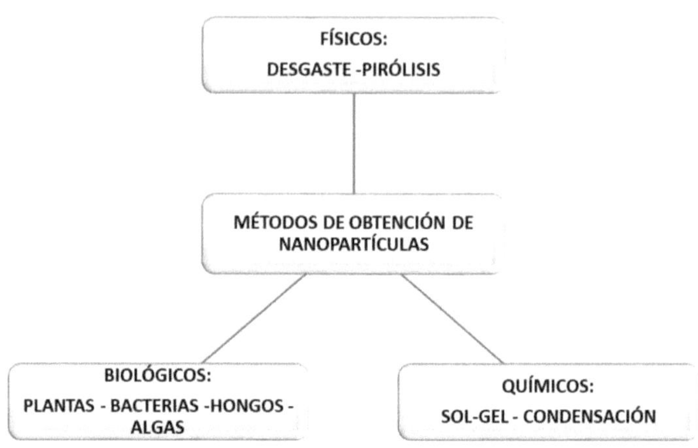

Figura 3. Métodos de obtención de nanopartículas.

Biosíntesis de NPs utilizando plantas

En los últimos años ha tenido una gran repercusión el estudio de la obtención de NPs mediante la utilización de procesos simples y rápidos utilizando plantas con fines biomédicos. La síntesis de NPs por plantas presenta muchas ventajas, y es por ello que ha sido una de las principales metodologías elegidas[33-35] (Figura 4). Por ejemplo las plantas medicinales poseen componentes fitoquímicos complejos, como alcoholes, fenoles, terpenos, alcaloides, saponinas y proteínas. Los fitocomponentes, que incluyen polifenoles (flavonoides, ácido fenólico y terpenoides), los ácidos orgánicos y las proteínas, se consideran los posibles agentes bioreductores y estabilizadores en la síntesis de NPs[33-35]. Por ejemplo, el ácido fenólico es un fitocomponente muy importante que comprende un anillo fenólico y un grupo funcional ácido carboxílico. Sus anillos aromáticos nucleofílicos poseen la capacidad de quelar metales y tienen un gran potencial antioxidante[36].

La biosíntesis de NPs por extractos de plantas está bajo investigación constante; sin embargo, el mecanismo exacto por el cual se obtienen las NPs usando plantas aún no ha sido dilucidado, aunque varios mecanismos hipotéticos se han propuesto[37]. Un grupo de autores sintetizaron NPs de **Mn** (NPsMn) usando extractos de corteza de *Cinnamomum verum* (CVBE) y tetrahidrato de acetato de manganeso (II) como precursor de **Mn**[38]. Las NPsMn biosintetizadas se caracterizaron por técnicas como microscopia electrónica de barrido (SEM), microscopia electrónica de transmisión (TEM), DRX y espectroscopía infrarroja por transformada de fourier (FTIR). Las NPsMn que obtuvieron eran esféricas y medían menos de 100 nm. Este estudio reveló que los diferentes polioles (terpenoides y flavonas) y los contenidos de polisacáridos del extracto de la planta CVBE actuaron en combinación para la reducción de los iones metálicos, siendo los responsables de la síntesis de NPs[38].

Para el caso de NPs de **Pt** (NPsPt), se ha descubierto que un polifenol característico de las plantas de *Acacia negra* fortalece a las NPs y las protege del medio oxidante presente en las soluciones acuosas, otorgándoles una gran estabilidad[39]. Los espectros FTIR de las muestras del extracto de la planta y de las NPsPt muestran que el pico de vibración de estiramiento de los hidroxilos fenólicos presentes en el extracto de Acacia a 3400 cm^{-1} se estrechan después de quelar a los iones Pt^{4+}, lo que sugiere que las NPsPt se estabilizan por los hidroxilos fenólicos[39].

Wang y *col.* sintetizaron NPs de **Fe** recubiertas con polifenoles a partir de extractos de las hojas de *Melaleuca nesophila*, *Rosmarinus officinalis* y *Eucalyptus tereticornis*. El estudio demostró que el **Fe** cargado positivamente reacciona con los polifenoles para formar NPs compuestas de diferentes tamaños que oscilan entre 50 y 90 nm con una superficie que muestra carácter orgánico[40]. Los extractos de aloe vera, hojas de geranio, hierbas de limón, extractos de la fruta *Emblica officinalis* y caldo de las hojas del *Neem* han sido utilizados para sintetizar NPs de **Au**, **Ag** u **Au/Ag**. Las técnicas de síntesis en este tipo de estudio implican la obtención de un extracto de la planta mediante la cocción en agua del material vegetal fresco cortado en diferentes proporciones para crear una solución acuosa o extracto la cual contiene ácidos y otros compuestos orgánicos presentes en las plantas. Este extracto se hace reaccionar con los iones metálicos a diferentes tiempos, temperaturas y concentraciones[41,42].

Por otro lado, los flavonoides comprenden un grupo diverso de compuestos aromáticos que representan las entidades químicas de bajo peso molecular del reino vegetal. Bose y col. estudiaron el extracto de la hoja de *Psidium guajava* y propusieron que los flavonoides presentes fueron responsables de la reducción y/o formación de complejos de NPsAg durante su síntesis[43]. La reducción del ion Ag^+ a NPsAg usando extracto de hoja de *P. guajava* se evidenció por el cambio visual del color de la mezcla de reacción de incoloro a amarillo y luego a marrón rojizo y los espectros de espectroscopia ultravioleta-visible (Uv-Vis) confirmaron la formación de NPsAg por la presencia del plasmón superficial a 435 nm. El mecanismo de síntesis que propusieron involucra una variedad de grupos hidroxilo conectados a los flavonoides[43].

La principal limitación en la síntesis mediada por plantas es la complejidad en la identificación del componente químico específico presente en los extractos de plantas responsables de la síntesis y estabilidad de las NPs. Esto se debe a la presencia de una gran diversidad de biomoléculas en los mismos. Además, el exceso del agente reductor a menudo dificulta la tasa de reducción que da como resultado la formación de grandes NPs agregadas. Por lo tanto, se deben tomar varias precauciones durante la síntesis. En primer lugar, necesita ser establecido un procedimiento fácil y rápido para la extracción de los fitoquímicos y la caracterización adecuada es necesaria para confirmar la presencia de moléculas activas. La aplicación de calor debe controlarse para evitar el daño y la desnaturalización de las moléculas activas, azúcares y proteínas. La velocidad de reacción se puede mantener, optimizando la reacción de reducción variando cuidadosamente la concentración de fitoquímicos[33]. Por otro lado, el origen del material vegetal, en asociación con la estación o el lugar de órgano vegetal, así como la presencia de factores abióticos (frío, agua, presencia de metales o pesticidas) o bióticos (presencia de plagas o patógenos) u otros agentes estresantes, pueden tener influencia sobre la síntesis y características de las NPs. Por lo tanto, es de suma importancia el estudio del efecto de la variación de distintos parámetros en la síntesis por plantas, para obtener NPs estables con las características deseadas[44,45].

:

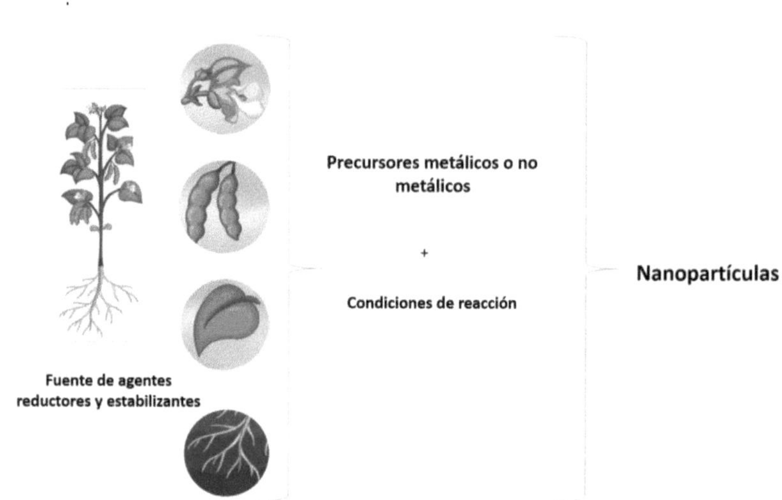

Figura 4. Síntesis biológica de nanoparticulas mediada por plantas.

Biosíntesis de NPs mediada por bacterias

Muchos microorganismos biosintetizan materiales inorgánicos intra o extracelularmente, sin embargo, el mecanismo preciso de la síntesis varía según el microorganismo que se utilice y/o la vía de síntesis que se seleccione (Figura 5).

Los primeros trabajos sobre síntesis biológica de NPs se centraron principalmente en la deposición de NPs de metales nobles y otros minerales por bacterias. Por ejemplo, la deposición de iones **Au** en la pared celular de Bacillus subtilis dio como resultado la formación de partículas de **Au** a nanoescala (5–25 nm), después de que las células bacterianas se incubaron con cloruro áurico a presión y temperatura ambiente[46].

Para la síntesis intracelular de NPs se debe partir de un cultivo celular, el cual se lava y centrifuga. Posteriormente, la biomasa obtenida se pone en contacto con una solución de sal metálica previamente esterilizada por filtración. La mezcla de reacción se incuba y se controla para detectar un cambio de color. Después de ciclos repetidos de sonicado, la biomasa se elimina por centrifugación y las NPs biosintetizadas se miden por espectrofotometría UV-visible. El uso de ultrasonido ayuda a romper la pared/membrana celular microbiana y permite que las NPs salgan del interior de la célula[47]. Un estudio utilizó el probiótico *Lactobacillus kimchicus* y obtuvo NPs de **Au** intracelularmente a través de un mecanismo unido a la membrana intracelular[48].

Aunque el mecanismo exacto de biosíntesis o síntesis verde aún no ha sido completamente aclarado, muchos estudios han intentado proporcionar algunas explicaciones sobre la síntesis intracelular de NPs. Utilizando como modelo a *Lactobacillus*, se ha postulado que los azúcares y las enzimas dependientes de NADH secretadas por el microorganismo en la superficie celular son responsables de la reducción de los iones, mientras que las proteínas (o péptidos) y los residuos de aminoácidos dentro de las células son responsables de proporcionar estabilización a las NPs[48-50]. El método de biosíntesis intracelular implica un transporte especial de iones en la célula, donde la pared celular de los microorganismos juega un papel importante. Los iones metálicos cargados positivamente son atraídos a la pared celular cargada negativamente por los grupos carboxilato a través de una interacción electrostática. Estas interacciones permiten que los núcleos metálicos se transporten al interior celular, donde se agregan para formar partículas de mayor tamaño a través de la reducción y aglomeración[51]. La principal desventaja que presenta el método de síntesis intracelular es que requiere de pasos adicionales para recuperar las NPs acumuladas en el interior de las células, por lo que es el menos utilizado que la extracelular para la obtención de las mismas[51].

Por otro lado, la biosíntesis extracelular de NPs se produce fuera de la célula bacteriana e involucra la formación de NPs en presencia de enzimas y compuestos reductores extracelulares generados por la célula[52]. Las enzimas extracelulares desempeñan un papel importante como agentes reductores y funcionan como una máquina de electrones durante la síntesis de NPs[53]. Un mecanismo propuesto por muchos autores es que las enzimas reductasas extracelulares producidas por los microorganismos reducen los iones a escala nanométrica. Mediante un ensayo de identificación de proteínas se ha descubierto que la enzima reductasa dependiente de NADH está implicada en la biorreducción de iones Ag^+ a NPsAg[54]. El papel potencial del cofactor NADH y de las enzimas dependientes de NADH en la biosíntesis de NPs metálicas es importante debido a que funcionaría como el portador de electrones que da como resultado la reducción de los iones metálicos.

Se informó un mecanismo similar en el caso de la síntesis extracelular de NPsAu usando *Rhodopseudomonas capsulata*[55]. Este estudio reveló que, a una concentración más baja de iones de **Au**, se produjeron NPsAu exclusivamente esféricas con tamaños que varían de 10 a 20 nm, mientras que los nanocables de **Au** con una estructura de red se formaron a la concentración más alta de iones **Au** en la solución acuosa. Esta bacteria secreta el cofactor NADH y enzimas dependientes de NADH. La bioreducción de iones **Au** se inició por la transferencia de electrones de la enzima NADH reductasa dependiente de NADH como portador de electrones[55].

Por otro lado, Quinteros y col. realizaron la biosíntesis de NPsAg a partir del sobrenadante de la bacteria *Pseudomonas aeruginosa* y estudiaron mediante electroforesis en gel la composición de la cubierta o *capping* observada en las NPsAg biosintetizadas[56,57]. Las NPsAg presentaron forma esferoidal y de un tamaño aproximado de 40 nm. Las muestras de sobrenadante de *P. aeruginosa* y las NPsAg biosintetizadas se analizaron y se identificaron diferentes proteínas en la cubierta asociada a las NPs. Los autores concluyeron que algunas proteínas presentes en ambas muestras serían importantes para la formación (la enzima alquilhidroperóxido reductasa y la proteína azurina) y estabilización (proteína de membrana externa OprG y proteína que contiene el dominio Glicina 2 T M) de las NPsAg biosintetizadas. Las proteínas identificadas podrían ser responsables de la biocompatibilidad y de la mayor actividad antimicrobiana que presentaron dichas NPs[57].

Otro ejemplo es el de Crespo y col. quienes lograron biosintetizar NPsFe, intracelular y extracelularmente, a partir de las bacterias *Escherichia coli* y *P. aeruginosa*. Los autores evaluaron diversas condiciones de biosíntesis (precursores, concentraciones, medios de cultivo, pH, tiempo y temperatura), siendo las condiciones óptimas para la biosíntesis extracelular de estas NPs tanto para *E. coli* o *P. aeruginosa,* de 1 mM de $FeSO_4$ como precursor, a pH 6.5 durante

48 h y 37 °C. Las NPsFe arrojaron un pico en el espectro Uv-Vis a los 275 nm, con un tamaño de 23 nm aproximadamente e informaron que las mismas poseían actividad anticoagulante[47].

La síntesis de NPs producida por microorganismos posee algunas desventajas ya que, al modificar parámetros importantes como el tipo de microorganismo, el medio de cultivo, la etapa (fase) de crecimiento, las condiciones de síntesis como el pH, la temperatura y el tiempo, y las concentraciones de sustrato, se pueden ver afectados tanto el tamaño, la forma y la estabilidad de las NPs biosintetizadas.

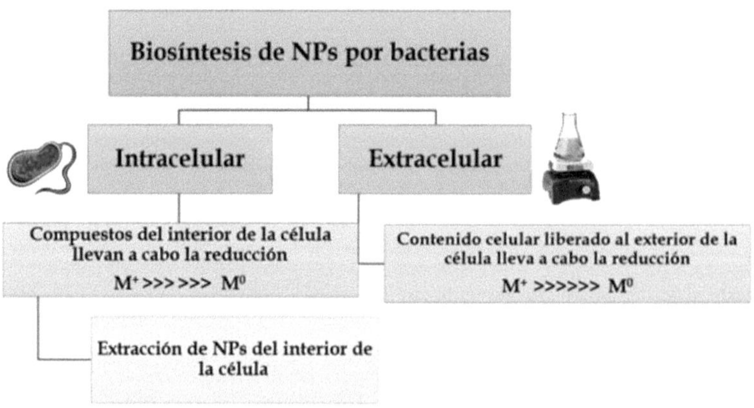

Figura 5. Biosíntesis de nanoparticulas mediada por bacterias.

Nanopartículas y biopelículas

Se han publicado escasos estudios sobre la síntesis de NPs en biopelículas y poco se sabe sobre el mecanismo de estabilización de NPs en los mismos[58-60]. Aunque las biopelículas se han utilizado para producir NPs, los detalles sobre el mecanismo de formación de NPs no se comprenden bien. Sin embargo, este tipo de síntesis ofrece ventajas adicionales, como mayores concentraciones de biomasa y áreas de superficie más grandes, que pueden conducir a una biosíntesis más eficiente y más escalable. Además, los microorganismos y las biomoléculas en las biopelículas participan directamente en la producción de NPs monodispersas y en la estabilización para evitar la agregación.

Se reportó que las biopelículas de bacterias reductoras de sulfato de la familia *Desulfobacteriaceae* producen naturalmente NPs de ZnS (NPsZnS) de 2–5 nm a baja temperatura (8 °C) y un pH de 7.2-8.6[58]. Por ejemplo, Kalathil y col. informaron que la síntesis extracelular de NPsAg de 1 a 7 nm por biopelículas produjo una rápida reducción de los iones y fue efectiva en la separación y estabilización de NPs. Ellos eligieron una biopelícula electroquímicamente activa (EAB), usando como base de formación un lodo anaeróbico de una planta de biogás en Corea bajo condiciones anaeróbicas estrictas. Las bacterias electroquímicamente activas presentes son bien conocidas en las células de combustible microbiano (MFC) debido a su alto poder de oxidación y capacidad para producir electrones en solución. Sin embargo, los mecanismos de la reducción y la estabilización de NPs, como la identificación de las biomoléculas involucradas en estos procesos, no fueron detalladas[60].

Tabla 1: Ejemplos de síntesis de nanopartículas mediadas por bacterias.

NANOPARTICULAS	MICROORGANISMO	CITA
AuCl (intracelular)	*Bacillus subtillis*	Southam *y* col.[46]
Au (intracelular)	*Lactobacillus kimchicus*	Markus y col. [48]
Au (extracelular)	*Rhodopseudomonas capsulata*	He y col.[55]
Ag (extracelular)	*Pseudomonas aeruginosa*	Quinteros y col.[56]
Ag (extracelular)	Biopelículas	Kalathil y col.[60]
ZnS (intracelular)	Biopelículas	Tanzil y col.[58]
Au (extracelular)	*Thermomonospora sp.*	Hulkoti y col.[54]
Au (extracelular)	*Pseudomonas stutzeri*	Hulkoti y col.[54]
Fe (intracelular)	*Escherichia coli*	Crespo y col.[47]
Fe (extracelular)	*Pseudomonas aeruginosa*	Crespo y col.[47]
Ag (extracelular)	*Bacillus methylotrophicus*	Wang y col. [61]
Se (intracellular)	*Rhodococcus aetherivorans*	Presentato y col.[62]

Biosíntesis de NPs mediada por hongos

Entre otros organismos, los hongos son una opción adecuada para la producción de NPs porque secretan una gran cantidad de proteínas, lo que aumenta la productividad. Se propone que las NPs micosintetizadas tendrán diversas aplicaciones en diferentes áreas, incluida la detección y control de patógenos, curación de heridas, administración de medicamentos, terapia contra el cáncer, preservación de alimentos, tejidos, imágenes médicas, etc. Muchos estudios han demostrado que los hongos poseen una gran capacidad para llevar a cabo la síntesis de NPs[63-66].

Las principales ventajas en las cuales se fundamenta su aplicación son: la secreción de una gran cantidad de enzimas (responsables de la reducción y formación de NPs), la facilidad de su manejo, que son económicamente viables y la posibilidad de realizar reacciones a gran escala. Entre las especies de hongos que se han estudiado se encuentran: *Aspergillus niger, Aspergillus fumigates, Aspergillus flavus, Fusarium oxysporum F. sp. lycopersici, Fusarium semitectum, Phaenerochaete chrysosporium y Verticillium*[63-66].

La síntesis extracelular de NPs por hongos es la más utilizada debido a que permite la obtención de NPs de manera rápida y a gran escala (Figura 6). Ji y col. lograron sintetizar NPsAu extracelularmente a partir del hongo *Cordyceps Militaris*. Las mismas tenían entre 15 y 20 nm y fueron estudiadas como anticancerígenas en células HepG2 de carcinoma hepatocelular[67]. Un mecanismo paso a paso para la síntesis intracelular de NPs utilizando *Verticillium sp.* explica que el mecanismo de síntesis implica atrapamiento, bioreducción y protección de las mismas[66].

Cuando la superficie celular fúngica entra en contacto con iones metálicos, interactúa electrostáticamente y atrapa los iones. Los aspectos sobre el mecanismo de síntesis se describieron muy recientemente y este proceso ocurre probablemente por la conjugación de la acción reductasa y por las quinonas presentes[67].

Duran y col. trabajaron con la síntesis de NPs a partir del hongo *F. oxysporum*[68]. Obtuvieron NPsAg en el rango de 20-50 nm y afirmaron que la enzima reductasa fue la responsable de la reducción de iones **Ag** y la posterior formación de NPs. La misma observación se informó con otra cepa de *F. oxysporum* y no así para otras especies de *Fusarium*[68]. En otro estudio, *F. oxysporum* se utilizó para sintetizar NPs de **CdS** semiconductoras[69]. La formación de NPs de CdS a partir de Cd^{2+} y SO_4^{2-} podría deberse a las enzimas reductasas liberadas en solución por *F. oxysporum*[69]. Esta especie se usó en otras investigaciones para la síntesis extracelular de puntos cuánticos de CdSe altamente luminiscentes a temperatura ambiente[70].

Por otro lado, se conoce que *Candida glabrata* y *Schizosaccaromyces pombe* fueron capaces de sintetizar cristalitos cuánticos cuando se cultivaron en sales de **Cd.** Cuando la cepa de *S. pombe* se desafió con una solución de **Cd** 1 mM, se formaron NPs intracelulares de **CdS**[71]. Los datos de DRX mostraron que la NPs tenía una estructura reticular hexagonal de tipo wurtzita[71].

La modificación paramétrica del proceso de biosíntesis afecta significativamente el tamaño, la distribución, el rendimiento y la tasa de síntesis de las NPs biosintetizadas. Se ha informado que la síntesis de NPs en hongos involucra tres fenómenos diferentes que incluyen la reducción por quinonas, la actividad de la enzima nitrato reductasa y la combinación de ambos.[72]

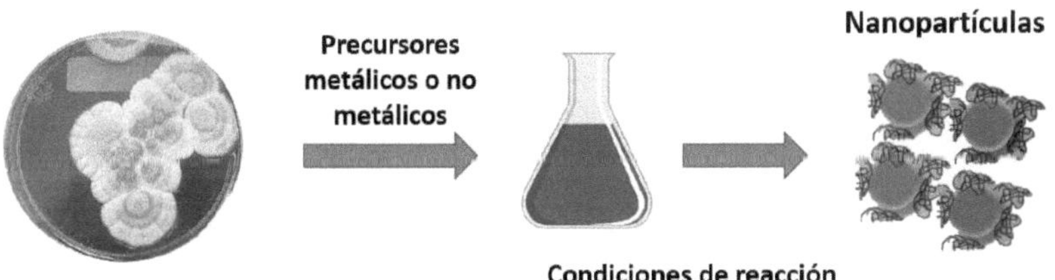

Figura 6. Biosíntesis extracelular de nanopartículas mediada por hongos.

Biosíntesis de NPs mediada por algas

Existen pocos informes sobre la síntesis de NPs utilizando algas como biofábricas. Las algas son una fuente renovable por lo que se convierten en una opción óptima para ser estudiadas para la síntesis verde de NPs. Existe un amplio espectro de productos derivados de microalgas de alto valor que incluyen ácidos grasos, pigmentos y enzimas, así como la biomasa de microalgas, que se considera un suministro de alimentos saludables[73]. Sus fitoquímicos incluyen grupos funcionales hidroxilo, carboxilo y amino, que pueden servir tanto como agentes reductores de metales eficaces como agentes de protección para proporcionar un fuerte recubrimiento a las NPs. La biomasa de microalgas puede catalizar la producción de NPs de **Au**, **Pd** y **Ag** (entre otras) en presencia de una fuente de iones metálicos apropiada[74]. Un estudio realizado por Terra y col. informó que la biomasa producida en el cultivo de microalgas para la biosíntesis de las NPs demostró poseer propiedades antimicrobianas, aumentando el potencial antibacteriano y antifúngico de las NPs de **Ag** biosintetizadas[75]. Otro estudio utilizó, tanto la biomasa de las algas como el sobrenadante del cultivo, y obtuvieron NPsAg de un diámetro medio que osciló entre 13 y 31 nm. Este resultado indicó que las NPsAg pudieron formarse mediante compuestos intracelulares y/o por los compuestos liberados por las microalgas en los medios, como los polisacáridos[76].

Un grupo de autores sintetizaron NPsAgCl a partir de algas de la especie *Chlorella vulgaris.* Ellos obtuvieron NPs esféricas, con un diámetro promedio de 9,8 ± 5,7 nm. El espectro Uv-Vis arrojó un pico a los 415 nm, indicativo de la formación de NpsAg. La espectroscopía de rayos X con dispersión de energía (EDS) de NPs purificadas confirmó la presencia de átomos de Ag y Cl y la DRX mostró el patrón cristalino cúbico típico de NPsAgCl. A partir de los datos de espectroscopia infrarroja, se confirmó que las proteínas y polisacáridos presentes en esta alga son un componente clave en la bioproducción y estabilización de las NPs biosintetizadas[77].

La biosíntesis depende de muchos parámetros como temperatura, tiempo, pH, concentración de sustrato, agitación y condiciones reductoras. Como mecanismo general de síntesis se presume que las enzimas secretadas por las células de las algas producen la bioreducción de los iones metálicos, seguido de la nucleación y el crecimiento de las NPs[78]. Para el caso de la síntesis intracelular, esta depende de no solo los parámetros fisicoquímicos antes mencionados sino también de las proteínas unidas a la superficie y sus aminoácidos residuales, como la cisteína, la tirosina y el triptófano, quienes juegan un papel vital en la protección y estabilización de NP[79].

Rol del recubrimiento de la superficie o en la biocompatibilidad de NPs

El conocimiento sobre la biocompatibilidad de las NPs sintetizadas es fundamental antes de sus aplicaciones. Las diferentes propiedades fisicoquímicas como el tamaño y la forma, la química y las cargas superficiales juegan un papel vital en la absorción celular de las NPs[80]. En general, una gama de biomoléculas como fenoles, carbohidratos, vitaminas, flavonoides, taninos, terpenoides, proteínas son responsables de las diferentes propiedades que presentan las NPs y controlan la carga neta superficial de las mismas. Estas biomoléculas serían las principales responsables de la interacción con el sitio blanco y de determinar el mecanismo de acción de las NPs biosintetizadas[81]. La composición de la capa que rodea a las NPs o *capping* no solo va a afectar su actividad sino también su citoxicidad.

Panda y col. investigaron la citotoxicidad de NPsAg sintetizadas biológicamente, NPsAg comerciales y de AgCl coloidal. Los autores encontraron que la citotoxicidad mediada por NPs comerciales y las biosintetizadas mostraron menor citotoxicidad y una mayor genotoxicidad que los iones Ag^+ libres (citotoxicidad evaluada mediante la generación de estrés oxidativo, daño en el ADN, muerte celular)[82]. Sin embargo, el daño al ADN y la muerte celular causada por NPs biogénicas pudieron ser reducidos a través del uso de secuestrantes de especies reactivas del oxígeno (ERO). Esto permitió sugerir que la generación de

ERO fue la principal fuente para inducir daño al ADN mediado por NPs y muerte celular[82]. Otros estudios investigaron la toxicidad en linfocitos humanos inducida por NPsAg biogénicas sintetizadas con proteínas del hongo *Alternaria alternata*[83] Ellos no observaron cambios significativos en la viabilidad celular entre el control de células sin tratar y las tratadas con NPs[83].

La fagocitosis y la pinocitosis son los dos mecanismos principales de endocitosis para la captación celular de las NPs en líneas celulares humanas. Algunos estudios demostraron la diferencia que se produce en la internalización celular de NPsAu al modificar la carga de su superficie. Las NPsAu cargadas positivamente con superficie lisa se internalizaron mediante clatrina y endocitosis dependiente de caveolina, así como con micropinocitosis, mientras que las NPsAu cargadas negativamente recubiertas con polietilenglicol se internalizaron a través de caveolina o endocitosis dependiente de clatrina sin la participación de micropinocitosis[84].

En el caso de las plantas, además del tamaño, la funcionalidad de la superficie determina la entrada celular y el destino intracelular de las NPs[85,86]. En general, el *capping* de NPs sintetizadas por plantas posee diferentes clases de fitoquímicos, como alcaloides, fenólicos, terpenoides, flavonoides, esteroides y taninos, entre otros. Dado que la mayoría de los estudios involucran extractos de plantas crudos, las moléculas que cubren la superficie son de diferentes clases y todavía no se entiende bien cómo estas moléculas se unen a las superficies de NPs o con las otras moléculas presentes (ya sea en la misma clase o en una diferente) en sus alrededores. Además, las moléculas fitoquímicas no asociadas deben considerarse por separado para la citotoxicidad de NPs. De hecho, hasta ahora, no se han realizado estudios para ver si las NPs obtenidas químicamente muestran cambios en su citotoxicidad después del tratamiento con fitoquímicos de plantas (en forma pura o cruda). Se han realizado numerosos estudios con formas puras de moléculas vegetales con propiedades medicinales bien conocidas. Con la estructura química conocida y la biocompatibilidad inherente de tales moléculas vegetales, los estudios en profundidad sobre sus interacciones con las NPs sintetizadas pueden revelar el mecanismo de la unión a la superficie. Las NPs sintetizadas químicamente llevan agentes reductores y estabilizantes tóxicos sin reaccionar o sobrantes en sus superficies por lo que reemplazarlos con fitoquímicos haría que las NPs sean más biocompatibles[87].

Con lo anteriormente mencionado, se esperaría que las interacciones de los nanomateriales con las células no dependan simplemente de las interacciones electrostáticas, sino de otras fuerzas de orden corto y largo, como las interacciones hidrofóbicas, los enlaces de hidrógeno y las interacciones ligando-receptor que cumplen un rol esencial en la captación celular. Desde hace tiempo se sabe que ciertos aminoácidos influyen en la unión y la absorción de materiales extracelulares en la célula. La importancia de los residuos aromáticos en los sitios del receptor celular (triptófano y tirosina) en la absorción de lipoproteínas se ha observado previamente[88]. Yang y col. dilucidaron la importancia de los grupos aromáticos en la endocitosis de NPsAu. Descubrieron que las NPsAu con grupos aromáticos de ciertos aminoácidos (triptófano y tirosina) tenían una mayor afinidad por algunas regiones de la membrana celular, promoviendo una internalización más eficiente en comparación con los aminoácidos no aromáticos ácidos (leucina, isoleucina y valina)[89]. Estas observaciones respaldan la idea de que la naturaleza del recubrimiento de la superficie es de gran importancia en la influencia de la captación celular y el perfil de toxicidad de NPs.

Al ingresar al cuerpo humano, las NPs interaccionan con el fluido biológico y se aproximan particularmente a las proteínas presentes. El conjunto de proteínas que rodea la superficie de las NPs se denomina corona de proteínas. La formación de la corona de proteínas es un proceso dinámico, que desempeña un rol fundamental en la actividad de las NPs en los sistemas biológicos. Además, debido a esta interacción pueden ocurrir cambios conformacionales en la estructura nativa de la proteína afectando sus funciones[90]. La formación de esta corona de proteína depende no solo de la composición de la NP, su tamaño, forma, estado de la superficie y tiempo de exposición, sino también del tipo de medio, relación de la NP con la proteína y de la presencia de iones y otras especies moleculares que interfieren en la interacción entre proteínas y NPs. Esto tiene implicaciones importantes en la respuesta inmunológica, la biocompatibilidad y el uso de NPs en medicina[91]. Duran y col. afirmaron que componentes proteicos distintos pueden producir una "identidad en la corona de proteína" que está relacionada con el tamaño y/o la curvatura de la superficie de las NPs. Por lo tanto, la formación de la corona de proteínas junto con la respuesta biológica a esta corona (generación de estrés oxidativo, respuesta inmunológica y citotoxicidad), así como otros mecanismos biofisicoquímicos celulares (endocitosis, biotransformación y biodistribución) serán importantes para el estudio de la nanomedicina y la nanotoxicología[92].

Aplicaciones de NPs biosintetizadas

Las NPs metálicas sintetizadas biológicamente tienen muchas aplicaciones en el campo biomédico con un gran potencial para el crecimiento continuo de esta área. Existe un gran interés para explorar el uso de la síntesis biológica para la obtención de NPs.

Actividad antibacteriana. La exposición a NPsAg causa citotoxicidad en bacterias. Los iones de **Ag** u **Au** y las NPs interactúan con la membrana plasmática dando como resultado una alteración de la permeabilidad celular, la respiración celular y daño en el ADN desnaturalizando los ribosomas o uniéndose al ADN[93-94]. Díaz y col. estudiaron la propiedad antibacteriana de complejos de maleato de **Cu** (II) en soportes mesoporosos de NPs de **Si** (MSN). Eligieron ligandos de maleatos porque tienen una química que puede perturbar la acción de la enzima maleamato amidohidrolasa, afectando negativamente a la viabilidad de la bacteria. Además, se usaron iones de **Cu** para la preparación de los complejos de metal, ya que los compuestos de **Cu** (II) tienen una larga tradición en estudios antibacterianos, demostrando una actividad antimicrobiana muy alta[27].

Un grupo de investigadores sintetizaron NPsCuO usando goma karaya, un hidrocoloide no tóxico natural, mediante tecnología verde y exploraron su posible aplicación antibacteriana. Las NPsCuO formadas fueron de tamaño pequeño (4,8

± 1,6 nm), altamente estables y tuvieron una acción antibacteriana significativa en grampositivas y gramnegativas en comparación con los tamaños más grandes de NPsCuO sintetizadas (7,8 ± 2,3 nm)[95].

Cremonini y col. demostraron que las NPsSe sintetizadas por el aislado bacteriano ambiental *Stenotrophomonas maltophilia* ejercen una clara actividad antimicrobiana y antibiopelícula contra diferentes bacterias patógenas. La capacidad antimicrobiana y antibiopelícula parece estar estrictamente vinculada a la capa orgánica que rodea a las NPs biogénicas[96].

Actividad antifúngica. Se ha informado que las NPs sintetizadas biológicamente presentan propiedades antifúngicas. Parveen y col. prepararon NPs de óxido de **Fe** (NPsFe$_2$O$_{3)}$ y evaluaron su actividad antifúngica contra *Trichothecium roseum*, *Cladosporium herbarum*, *Penicillium chrysogenum*, *A. alternata* y *A. niger*. Observaron que las NPsFe$_2$O$_3$ mostraron una actividad antimicótica significativa contra todos los patógenos fúngicos probados[97]. Parsameher y col. lograron sintetizar NPsSe esféricas con un tamaño entre 80-200 nm por *Bacillus sp.*[98]. Las mismas pudieron inhibir el crecimiento de células de *Candida albicans* resistentes a azoles a una concentración de 100 µg/ml[98]. Por otro lado, otros autores demostraron que *C. albicans* también resulto ser sensible a NPs de **Te** (NPsTe) biogénicas. Las relaciones de concentración fungicida mínima y concentración inhibitoria mínima de las NPsTe biogénicas revelaron que estas NPs exhibían efectos fungicidas contra la cepa de estudio[99].

Actividad antiviral. Un estudio demostró que la interacción de NPsAg con el virus parainfluenza humano tipo 3 y el virus del herpes simple tipo 1 y 2 dependen del tamaño de las NPs. En este estudio, la reducción de la infectividad viral ha sido atribuida al potencial de las NPsAg para obstaculizar la interacción entre el virus y las células, que podría depender del potencial zeta y tamaño de las NPs[100]. Un estudio evaluó la eficacia antiviral de las NPsCuO contra la infección por el virus de la hepatitis C (VHC). Las NPsCuO pudieron inhibir significativamente la infectividad de VHC a una concentración no citotóxica, evitando la unión de las partículas infecciosas de VHC a las células hepáticas y, por ende, la entrada del virus en las células. Estos hallazgos sugieren que las NPsCuO pueden tener nuevos roles en el tratamiento de pacientes con hepatitis C crónica[101]. Las NPsAg han demostrado una fuerte actividad antiviral, mientras que el grafeno es un potencial material antimicrobiano debido a su gran área superficial, alta movilidad de portadores y biocompatibilidad, por lo que un grupo de investigadores decidieron estudiar la actividad antiviral de láminas de óxido de grafeno (GO) y láminas GO con partículas de **Ag** (GO-Ag) contra virus con y sin envoltura, utilizando como modelos al coronavirus felino (FCoV) con una envoltura y virus de la enfermedad infecciosa de la bolsa (IBDV) sin envoltura[102]. Obtuvieron que las Go-Ag inhibieron el 25% de la infección por FCoV y el 23% por IBDV, mientras que GO solo inhibió el 16% de la infección por FCoV pero no mostró actividad antiviral contra la infección por IBDV. Concluyeron que se puede considerar una mayor aplicación de GO y GO-Ag para equipos de protección personal para disminuir la transmisión de virus[102].

Agentes antitumorales. La citotoxicidad de NPs sintetizadas biológicamente en varias líneas celulares de cáncer ha sido bien documentada. Joseph y col. sintetizaron de una planta medicinal *Indigofera tinctoria* NPs de **Ag** y de **Au**[103]. Ambos tipos de NPs exhibieron citotoxicidad dependiente de la dosis para líneas celulares de cáncer de pulmón A549[103]. Un estudio evaluó el efecto *in vitro* de NPs de quitosan (NPsβ-CNP) sobre el crecimiento en líneas celulares de hepatoma humano (HepG2) y el nivel de ERO intracelular y los parámetros bioquímicos[104]. La viabilidad celular de las HepG2 inhibidas por NPsβ-CNP se detectó de manera dependiente de la dosis. La concentración inhibitoria de β-CNP fue de 30 μg/mL. El análisis de los diversos parámetros bioquímicos como hidroperóxidos lipídicos, antioxidantes enzimáticos y no enzimáticos demostró la propiedad anticancerígena de β-CNP en células HepG2. Este estudio sugiere que el β-CNP debería ser un fármaco prometedor para tratar el carcinoma hepatocelular en el futuro[104].

Actividad anticoagulante. Crespo y col. estudiaron si NPsFe biosintetizadas podrían comenzar o impulsar el proceso de la coagulación. Determinaron que las NPsFe tienen un efecto anticoagulante por activación tanto de la vía extrínseca como la intrínseca de la cascada de coagulación, lo que indica un posible uso en medicina[47]. Con el fin de explorar la acción de NPsAg en la cascada de coagulación, Dakshayani y col. analizaron el tiempo de coagulación del plasma humano utilizando plasma humano rico y pobre en plaquetas.

Curiosamente, las NPsAg mostraron el efecto anticoagulante al mejorar el tiempo de coagulación del plasma, tanto del plasma rico como del pobre en plaquetas, desde 160 hasta 220 segundos y de 160 hasta 284 segundos, respectivamente[105]. Por otro lado, un estudio demostró que el tiempo de protrombina, de trombina y el de tromboplastina parcial activada se prolongó cuando se evaluaron NPsAu con heparina reducida en comparación con una heparina de control, lo que sugiere la mejora de la actividad anticoagulante con la presencia de NPsAu. Por lo tanto, la síntesis verde de NPsAu con heparina, usando un simple paso de reacción, podría ser un procedimiento viable para mejorar la actividad anticoagulante de la heparina[106].

Biosensores. El uso combinado de NPs biogénicas y sensores químicos ha sido documentado para la detección de compuestos médicamente relevantes como la glucosa y los peróxidos. Las NPs enzimáticas han atraído a la comunidad científica, ya que pueden usarse para la protección del medio ambiente, la ingeniería bioquímica y la biomedicina. Se han logrado identificar varios tipos de NPs de enzimas/proteínas en una matriz (electrodo o membrana) para la fabricación de biosensores que puedan usarse para el diagnóstico temprano y el tratamiento de enfermedades crónicas. Un aislado ambiental *Bacillus pumilus sp* logró sintetizar extracelularmente NPsSe y se informó como un biosensor de H_2O_2 de bajo costo[107]. Jeyaraj y col. desarrollaron un inmunosensor colorimétrico simple y sensible basado en la actividad mimética de la enzima peroxidasa y el efecto fototérmico de NPs de **NiO** (NPsNiO) para detectar y eliminar el patógeno transmitido por los alimentos *Salmonella typhimurium*. La detección colorimétrica de *S. typhimurium* mostró una relación lineal entre la concentración del patógeno y la señal de color (652 nm) con límite de detección de 10 unidades formadoras de colonias por mililitro (UFC/mL)[108].

Diagnósticos por imágenes. Jin y col. realizaron un resumen sobre el uso de NPs luminiscentes en imágenes de súper resolución, seguimiento de moléculas individuales y los novedosos enfoques de las imágenes de súper resolución que aprovechan el brillo, la estabilidad y las propiedades ópticas únicas de las NPs[109]. Las NPs biogénicas sintetizadas por el filtrado extracelular de *Trichoderma viride* mostraron fotoluminiscencia en el rango de 320 a 520 nm después de la excitación con luz LASER, lo que los convirtió en un candidato prometedor para fines gráfocos[110]. Los nanoteranósticos de resonancia magnética (RM) utilizan NPs magnéticas para la detección de las células cancerosas mediante imágenes moleculares de RM, y para la terapia antitumoral mediante nanomedicina de RM. A través de mecanismos de direccionamiento activo y pasivo, las NPs magnéticas pueden servir como "balizas moleculares" para mejorar el contraste de la imagen de RM para la detección temprana de lesiones[110].

Terapia fotodinámica. La terapia fotodinámica (TFD) es una modalidad terapéutica atractiva en el tratamiento de algunos tumores sólidos y otras enfermedades, por su mínima invasión y toxicidad no sistémica. Se produce a partir de la irradiación de luz LASER o luz a materias fotosensibilizadoras y luego, mediante la formación de ERO, los tejidos o células enfermas pueden ser eliminados de manera efectiva[111]. Sin embargo, la hidrofobicidad y la no selectividad de los fotosensibilizadores, la hipoxia grave inherente de los tejidos tumorales y la penetración limitada de la luz restringen las aplicaciones adicionales de la TFD en la clínica. En gran cantidad de artículos se describe la aplicación de diferentes NPs que pueden usarse para la TFD, tales como: NPs plasmónicas, puntos cuánticos y NPs de conversión ascendente. En comparación con los fotosensibilizadores orgánicos típicos como las hematoporfirinas, las NPs exhiben una mayor fotoestabilidad y resistencia a la degradación enzimática y, por lo tanto, en algunos casos, podrían reemplazar a los fotosensibilizadores orgánicos en la TFD [112]. Un trabajo reportó la síntesis y caracterización de un nuevo derivado de bacterioclorofila que contiene azufre. El resto disulfuro del ácido lipoico permitió la conjugación con NPsAu a través de enlaces S-Au. Las NPs conjugadas obtenidas fueron esféricas con un diámetro hidrodinámico de 100-110 nm. El conjugado NPsS-Au absorbió luz a 824 nm y emitió una fuerte fluorescencia a 830 nm, lo que permitió el estudio *in vivo* de su biodistribución dinámica en ratas con sarcoma M-1. En comparación con el fotosensibilizador libre, las NPsS-Au mostraron un tiempo de circulación prolongado en sangre y una mayor absorción en el tumor. El fármaco se acumuló en los sitios del tumor a través de la neovasculatura tumoral y no volvió a la circulación[113].

Las NPsAu también se utilizaron en otro trabajo para la inactivación fotodinámica de células planctónicas y de biopelículas de *C. albicans* usando la cepa *Penicillium funiculosum* y Rosa de bengala (RB) como medio de síntesis. Las

NPsAu-RB monodispersas esféricas recubiertas con proteínas tenían un tamaño de 24 ± 3 nm. La reducción más efectiva en el número de células planctónicas se encontró después de 30 minutos de irradiación con una luz de lámpara Xe y fue del 99,99% de muerte. Las células de las biopelículas fueron más resistentes a la inactivación fotodinámica, y la mayor reducción efectiva en el número de células se encontró después de 30 minutos de irradiación en presencia de la mezcla NPsAu-RB y fue del 97,04% de muerte en comparación con el 74,73% para RB sola. No se conoce el mecanismo por el cual se potencia la actividad fungicida de RB en presencia de NPsAu biogénicas, lo que lleva a la conclusión de que este proceso puede tener un carácter multifactorial[114].

Nanotransportadores de fármacos. Los nanoportadores, particularmente los nanoportadores de polímeros funcionales, ofrecen plataformas de aplicación terapéutica únicas para la TFD debido a su tamaño, forma controlable y funcionalidades extensibles[115]. Los nanosistemas de liberación de fármacos se pueden clasificar según los materiales y las tecnologías que se han utilizado para su elaboración en nanoestructuras orgánicas (materiales poliméricos principalmente para la construcción de nanoesferas, nanocápsulas, micelas, liposomas, dendrímeros y conjugados polímero-fármacos) y nanoestructuras inorgánicas (NPs de óxidos metálicos, NPs de sílica mesoporosa y nanotubos de carbono)[116]. Actualmente, la nanomedicina clínicamente más relevantes son formulaciones liposomales a base de proteínas, poliméricas / a base de micelas, óxido de **Fe**, **Si** y de NPsAu[117,118].

Muchos estudios se centran en el modelo de endocitosis en células Caco-2 (adenocarcinoma colorrectal humano), ya que el intestino es la primera barrera que se debe superar dentro del alcance de la administración oral de fármacos a través de nanoportadores. En general, las NPs cargadas positivamente tienden a absorberse mejor que las NPs cargadas negativamente, lo que podría mostrarse para NPs positivas de 50 nm y 100 nm en células Caco-2[119]. La sílice mesoporosa se ha estudiado en la nanomedicina como sistemas de administración de fármacos, cargados con varios agentes terapéuticos como **Pt**, **Ti**, **Sn**, **Ru** y compuestos de **Cu**. Estos sistemas de administración de fármacos han mostrado resultados interesantes en estudios anticancerígenos *in vitro* o *in vivo*, lo que demuestra su potencial para ser utilizado en muchas otras terapias como, por ejemplo, la inmunoterapia contra el cáncer[27]. La acción celular de estos materiales a base de **Si** mostraron que, en la mayoría de los casos, los nanosistemas no liberan el fármaco metálico al medio biológico (o las tasas de liberación del fármaco-metal son muy bajas), y generalmente actúan como "sistemas de administración de fármacos no clásicos", cuya actividad citotóxica se debe a la acción de toda la NP[27]. Por otro lado, se sabe que el oseltamivir (OT) es un agente antiviral efectivo, pero el uso continuo de este antiviral conduce a un efecto terapéutico disminuido en la clínica. Con el fin de mejorar la actividad antiviral del OT, Zhong y col. cargaron NPs de **Se** (NPsSe) con OT en sus superficies para fabricar NPs antivirales funcionalizadas (SeNPs-OT). Obtuvieron que las SeNPs-OT exhibieron buena estabilidad y una liberación efectiva de fármaco en suero y buffer PBS[120].

En la Figura 7 se resumen las diferentes vías de obtención de las NPs biosintetizadas junto a sus posibles aplicaciones en biomedicina.

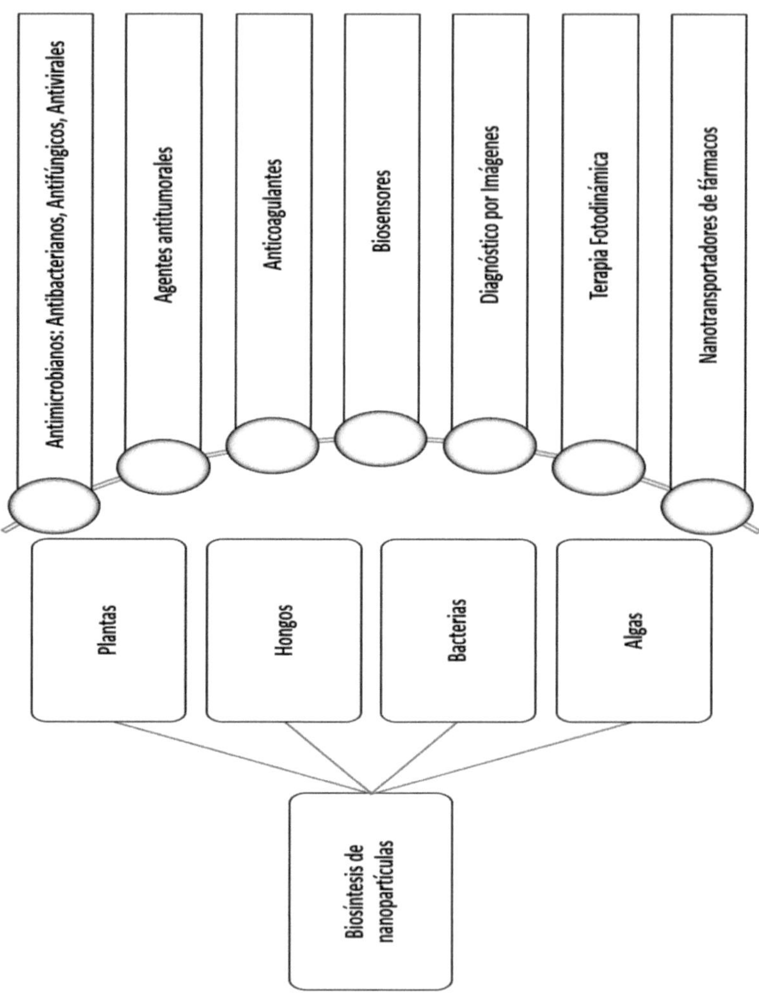

Figura 7. Biosíntesis de nanoparticulas y sus posibles aplicaciones.

Discusión y conclusión

El desafío más importante en los procesos de síntesis es obtener NPs estables, controlando su tamaño y forma. La síntesis química de NPs se produce generalmente bajo condiciones extremas (por ejemplo, pH, temperatura) y los productos químicos usados pueden tener impacto en la salud y en el ambiente[121].

La síntesis biológica de las NPs presenta algunas ventajas importantes sobre la síntesis química como una mayor producción y menor toxicidad y costo [122]. El uso de microorganismos en la síntesis de NPs es un área de investigación relativamente nueva, prometedora, con un considerable potencial de expansión. La biosíntesis presenta como principal ventaja menor uso de energía e impacto ambiental con respecto a los métodos convencionales de síntesis química o física[123,124]. Además de ser una técnica viable, posee otros beneficios como ser económica, de gran eficiencia y principalmente el hecho de que produce menos residuos tóxicos y no utiliza solventes orgánicos[125]. Por otro lado, las biomoléculas implicadas en el proceso de biosíntesis le otorgan a las NPs una estabilidad diferencial debido a la función de *capping* que cumplen al interactuar con las NPs[125]. Las superficies de las NPs biológicas adsorben progresivamente y selectivamente las biomoléculas cuando entran en contacto con fluidos biológicos complejos, formando una corona que interactúa con estos sistemas biológicos. Esta corona alrededor de las NPs proporciona una eficacia adicional sobre las NPs biológicas. Por lo tanto, las NPs biogénicas serían más efectivas debido a la unión de componentes biológicamente activos en su superficie cuando provienen de fuentes biológicas, como plantas y microorganismos.

El mecanismo preciso de la síntesis de NPs que emplean agentes biológicos continúa en su proceso de estudio. El mecanismo real de formación de NPs en microorganismos y plantas sigue siendo un tema de discusión, a pesar de que muchos investigadores han intentado proponer posibles mecanismos[37,122-125]. Esto se debe a que cada tipo de agente reacciona de manera diferente con los metales que conducen a la formación de NPs[37,121]. Los avances en la síntesis de NPs nos otorgan la posibilidad de investigar acerca del tamaño, la forma y la composición de las mismas y promueven la posibilidad de su aplicación en diversas áreas.

Una ventaja de las NPs biosintetizadas es que presentan una mejor interacción con las moléculas biológicas, en su mayoría proteínas, azúcares e incluso células enteras, que las estabilizan y permiten fácilmente que interactúen con otras biomoléculas, lo que podría aumentar su actividad antimicrobiana mejorando las interacciones con los microorganismos patógenos[126]. Muchos estudios han reportado que las NPsAg poseen una potente actividad antimicrobiana, mediada por la inhibición de la división celular bacteriana que finalmente conduce a la muerte celular a través de la destrucción de la membrana bacteriana[56,127-128].

Este libro brinda una actualización sobre las diferentes formas de biosíntesis de NPs y sus posibles mecanismos de síntesis. Además, se informan las ventajas y limitaciones de cada enfoque que dará una idea clara para la selección de los posibles métodos para producir NPs. De esta manera, las NPs constituyen herramientas útiles para mejorar la salud humana, por lo que se debe realizar una investigación exhaustiva y sistemática para comprender las complejas interacciones entre las NPs y los sistemas biológicos como base para apoyar las ricas posibilidades que nos ofrecen las NPs multifuncionales. El empleo de prácticas de síntesis de NPs respetuosas con el medio ambiente representa una variante promisoria para contribuir a la solución de problemas de salud no resueltos con los enfoques convencionales.

Bibliografía

1.   Takeuchi, Noboru (2009). Las nanoestructuras, la nanociencia y la nanotecnología. Nanociencia y nanotecnología. La ciencia para todos; 222. p. 14.

2.   Maynard, A. D. (2014). A decade of uncertainty. Nature nanotechnology, 9(3), 159-160

3.   Chenthamara, D., Subramaniam, S., Ramakrishnan, S. G., Krishnaswamy, S., Essa, M. M., Lin, F. H., & Qoronfleh, M. W. (2019). Therapeutic efficacy of nanoparticles and routes of administration. Biomaterials research, 23(1), 1-29.

4.   Huh, A. J., & Kwon, Y. J. (2011). Nanoantibiotics: a new paradigm for treating infectious diseases using nanomaterials in the antibiotics resistant era. Journal of controlled release, 156(2), 128-145.

5.   Hock, S. C., Ying, Y. M., & Wah, C. L. (2011). A review of the current scientific and regulatory status of nanomedicines and the challenges ahead. PDA journal of pharmaceutical science and technology, 65(2), 177-195.

6.   Bobo, D., Robinson, K. J., Islam, J., Thurecht, K. J., & Corrie, S. R. (2016). Nanoparticle-based medicines: a review of FDA-approved materials and clinical trials to date. Pharmaceutical research, 33(10), 2373-2387.

7.   Prasad, M., Lambe, U. P., Brar, B., Shah, I., Manimegalai, J., Ranjan, K., ... & Iqbal, H. M. (2018). Nanotherapeutics: an insight into healthcare and multi-dimensional applications in medical sector of the modern world. Biomedicine and pharmacotherapy, 97, 1521-1537.

8.   Rafique, M., Sadaf, I., Rafique, M. S., & Tahir, M. B. (2017). A review on green synthesis of silver nanoparticles and their applications. Artificial cells, nanomedicine, and biotechnology, 45(7), 1272-1291.

9.   Zanella, R. (2012). Metodologías para la síntesis de NPs: controlando forma y tamaño. Mundo Nano. Revista interdisciplinaria en nanociencia y nanotecnología, 5(1). DOI: 10.22201/ceiich.24485691e.2012.1.45167.

10.   Mathur, P., Jha, S., Ramteke, S., & Jain, N. K. (2018). Pharmaceutical aspects of silver nanoparticles. Artificial cells, nanomedicine, and biotechnology, 46(sup1), 115-126.

11.   Zhang, X. F., Liu, Z. G., Shen, W., & Gurunathan, S. (2016). Silver nanoparticles: synthesis, characterization, properties, applications, and therapeutic approaches. International journal of molecular sciences, 17(9), 1534. DOI.org/10.3390/ijms17091534.

12.   Teoh, W. Y., Amal, R., & Mädler, L. (2010). Flame spray pyrolysis: An enabling technology for nanoparticles design and fabrication. Nanoscale, 2(8), 1324-1347.

13.   Schmid, G. (Ed.). (2011). Nanoparticles: from theory to application. John Wiley & Sons. DOI: 10.1002/9783527631544.

14.   Caro, C., Castillo, P. M., Klippstein, R., Pozo, D., & Zaderenko, A. P. (2010). Silver nanoparticles: sensing and imaging applications. Silver nanoparticles, 201-204.

15.   Bai, B., Li, L., Liu, Y., Liu, H., Wang, Z., & You, C. (2007). Preformed particle gel for conformance control: factors affecting its properties and applications. SPE reservoir evaluation & engineering, 10(04), 415-422.

16.   Jung, J. H., Oh, H. C., Noh, H. S., Ji, J. H., & Kim, S. S. (2006). Metal nanoparticle generation using a small ceramic heater with a local heating area. Journal of aerosol science, 37(12), 1662-1670.

17.   Fatisson, J., Ghoshal, S., & Tufenkji, N. (2010). Deposition of carboxymethylcellulose-coated zero-valent iron nanoparticles onto silica: roles of solution chemistry and organic molecules. Langmuir, 26(15), 12832-12840.

18.   Kowshik, M., Deshmukh, N., Vogel, W., Urban, J., Kulkarni, S. K., & Paknikar, K. M. (2002). Microbial synthesis of semiconductor CdS nanoparticles, their characterization, and their use in the fabrication of an ideal diode. Biotechnology and bioengineering, 78(5), 583-588.

19.   Asset, T., Chattot, R., Fontana, M., Mercier-Guyon, B., Job, N., Dubau, L., & Maillard, F. (2018). A review on recent developments and prospects for the oxygen reduction reaction on hollow Pt-alloy nanoparticles. Chemphyschem, 19(13), 1552-1567.

20.   Tan, Y., Dai, X., Li, Y., & Zhu, D. (2003). Preparation of gold, platinum, palladium and silver nanoparticles by the reduction of their salts with a weak reductant–potassium bitartrate. Journal of materials chemistry, 13(5), 1069-1075.

21.   Chen, C., Zhao, D., Zhou, Q., Wu, Y., Zhou, X., & Wang, H. (2019). Facile preparation and characterization of polyaniline and CeO_2 Co-Decorated TiO_2 nanotube array and its highly efficient photoelectrocatalytic activity. Nanoscale research letters, 14(1), 60-61.

22.   Li, Y., Duan, X., Qian, Y., Yang, L., & Liao, H. (1999). Nanocrystalline silver particles: synthesis, agglomeration, and sputtering induced by electron beam. Journal of colloid and interface science, 209(2), 347-349.

23.   Tan, Y., Dai, X., Li, Y., & Zhu, D. (2003). Preparation of gold, platinum, palladium and silver nanoparticles by the reduction of their salts with a weak reductant–potassium bitartrate. Journal of materials chemistry, 13(5), 1069-1075.

24.   Nicolas, J., Mura, S., Brambilla, D., Mackiewicz, N., & Couvreur, P. (2013). Design, functionalization strategies and biomedical applications of targeted biodegradable/biocompatible polymer-based nanocarriers for drug delivery. Chemical society reviews, 42(3), 1147-1235.

25.   Caswell, K. K., Bender, C. M., & Murphy, C. J. (2003). Seedless, surfactantless wet chemical synthesis of silver nanowires. Nano Letters, 3(5), 667-669.

26.   Kimling, J., Maier, M., Okenve, B., Kotaidis, V., Ballot, H., & Plech, A. (2006). Turkevich method for gold nanoparticle synthesis revisited. The journal of physical chemistry b, 110(32), 15700-15707.

27.   Díaz-García, D., Ardiles, P. R., Díaz-Sánchez, M., Mena-Palomo, I., del Hierro, I., Prashar, S., ... & Gómez-Ruiz, S. (2020). Copper-functionalized nanostructured silica-based systems: Study of the antimicrobial applications and ROS generation against gram positive and gram negative bacteria. Journal of inorganic biochemistry, 203, 110912. DOI: 10.1016/j.jinorgbio.2019.110912.

28.   Ahmed, S., Ahmad, M., Swami, B. L., & Ikram, S. (2016). A review on plants extract mediated synthesis of silver nanoparticles for antimicrobial applications: a green expertise. Journal of advanced research, 7(1), 17-28.

29.   Bansal, M., Bansal, A., Sharma, M., & Kanwar, P. (2015). Green synthesis of gold and silver nanoparticles. Research journal of pharmaceutical biological and chemical sciences, 6(3), 1710-1716.

30.   Khalil, A. M., Abdel-Monem, R. A., Darwesh, O. M., Hashim, A. I., Nada, A. A., & Rabie, S. T. (2017). Synthesis, characterization, and evaluation of antimicrobial activities of chitosan and carboxymethyl chitosan schiff-base/silver nanoparticles. Journal of chemistry, 2017. DOI.org/10.1155/2017/1434320

31.   Ovais, M., Khalil, A. T., Raza, A., Khan, M. A., Ahmad, I., Islam, N. U., ... & Shinwari, Z. K. (2016). Green synthesis of silver nanoparticles via plant extracts: beginning a new era in cancer theranostics. Nanomedicine, 12(23), 3157-3177.

32.   Vijayaraghavan, K., & Nalini, S. K. (2010). Biotemplates in the green synthesis of silver nanoparticles. Biotechnology journal, 5(10), 1098-1110.

33.   Ovais, M., Khalil, A. T., Islam, N. U., Ahmad, I., Ayaz, M., Saravanan, M., ... & Mukherjee, S. (2018). Role of plant phytochemicals and microbial enzymes in biosynthesis of metallic nanoparticles. Applied microbiology and biotechnology, 102(16), 6799-6814.

34.   Singh, P., Kim, Y. J., Zhang, D., & Yang, D. C. (2016). Biological synthesis of nanoparticles from plants and microorganisms. Trends in biotechnology, 34(7), 588-599.

35.   Mohamed, H. E. A., Afridi, S., Khalil, A. T., Zohra, T., Alam, M. M., Ikram, A., ... & Maaza, M. (2019). Phytosynthesis of $BiVO_4$ nanorods using *Hyphaene thebaica* for diverse biomedical applications. AMB express, 9(1), 1-14.

36.   Ovais, M., Khalil, A. T., Raza, A., Islam, N. U., Ayaz, M., Saravanan, M., ... & Shinwari, Z. K. (2018). Multifunctional theranostic applications of biocompatible green-synthesized colloidal nanoparticles. Applied microbiology and biotechnology, 102(10), 4393-4408.

37.   Thakkar, K. N., Mhatre, S. S., & Parikh, R. Y. (2010). Biological synthesis of metallic nanoparticles. Nanomedicine: nanotechnology, biology and medicine, 6(2), 257-262.

38.   Kamran, U., Bhatti, H. N., Iqbal, M., Jamil, S., & Zahid, M. (2019). Biogenic synthesis, characterization and investigation of photocatalytic and antimicrobial activity of manganese nanoparticles synthesized from *Cinnamomum verum* bark extract. Journal of molecular structure, 1179, 532-539.

39. Mao H, Liao Y, Ma J, Zhao S, Huo F. (2016). Water-soluble metal nanoparticles stabilized by plant polyphenols for improving the catalytic properties in oxidation of alcohols. Nanoscale 8:1049–1054.

40. Wang, T., Lin, J., Chen, Z., Megharaj, M., & Naidu, R. (2014). Green synthesized iron nanoparticles by green tea and eucalyptus leaves extracts used for removal of nitrate in aqueous solution. Journal of cleaner production, 83, 413-419.

41. Shankar, S. S., Ahmad, A., & Sastry, M. (2003). Geranium leaf assisted biosynthesis of silver nanoparticles. Biotechnology progress, 19(6), 1627-1631.

42. Prasad, R. (2014). Synthesis of silver nanoparticles in photosynthetic plants. Journal of nanoparticles, 2014. Doi.org/10.1155/2014/963961.

43. Bose, D., & Chatterjee, S. (2016). Biogenic synthesis of silver nanoparticles using guava (*Psidium guajava*) leaf extract and its antibacterial activity against *Pseudomonas aeruginosa*. Applied nanoscience, 6(6), 895-901.

44. Basiuk, E. V, Basiuk, V. A. (2014) Green chemistry of carbon nanomaterials. J nanosci nanotechnol.;14(1):644–672.

45. Makarov, V. V., Love, A. J., Sinitsyna, O. V., Makarova, S. S., Yaminsky, I. V., Taliansky, M. E., & Kalinina, N. O. (2014). "Green" nanotechnologies: synthesis of metal nanoparticles using plants. Acta naturae (англоязычная версия), 6,1: 35-44.

46. Southam, G., & Beveridge, T. J. (1994). The *in vitro* formation of placer gold by bacteria. Geochimica et cosmochimica acta, 58(20), 4527-4530.

47.   Crespo, K. A., Baronetti, J. L., Quinteros, M. A., Páez, P. L., & Paraje, M. G. (2017). Intra-and extracellular biosynthesis and characterization of iron nanoparticles from prokaryotic microorganisms with anticoagulant activity. Pharmaceutical research, 34(3), 591-598.

48.   Markus, J., Mathiyalagan, R., Kim, Y. J., Abbai, R., Singh, P., Ahn, S., ... & Yang, D. C. (2016). Intracellular synthesis of gold nanoparticles with antioxidant activity by probiotic *Lactobacillus kimchicus* DCY51T isolated from *Korean kimchi*. Enzyme and microbial technology, 95, 85-93.

49.   Iravani, S. (2014). Bacteria in nanoparticle synthesis: current status and future prospects. International scholarly research notices, 2014:359316.

50.   Shedbalkar, U., Singh, R., Wadhwani, S., Gaidhani, S., & Chopade, B. A. (2014). Microbial synthesis of gold nanoparticles: current status and future prospects. Advances in colloid and interface science, 209, 40-48.

51.   Mittal, A. K., Kaler, A., Mulay, A. V., & Banerjee, U. C. (2013). Synthesis of gold nanoparticles using whole cells of *Geotrichum candidum*. Journal of nanoparticles, Doi.org/10.1155/2013/150414.

52.   Li, X., Xu, H., Chen, Z. S., & Chen, G. (2011). Biosynthesis of nanoparticles by microorganisms and their applications. Journal of nanomaterials,87-110.

53.   Subbaiya, R., Saravanan, M., Priya, A. R., Shankar, K. R., Selvam, M., Ovais, M., ... & Barabadi, H. (2017). Biomimetic synthesis of silver nanoparticles from *Streptomyces atrovirens* and their potential anticancer activity against human breast cancer cells. IET nanobiotechnology, 11(8), 965-972.

54.   Hulkoti, N. I., & Taranath, T. C. (2014). Biosynthesis of nanoparticles using microbes—a review. Colloids and Surfaces B: Biointerfaces, 121, 474-483.

55.   He, S., Guo, Z., Zhang, Y., Zhang, S., Wang, J., & Gu, N. (2007). Biosynthesis of gold nanoparticles using the bacteria *Rhodopseudomonas capsulata*. Materials letters, 61(18), 3984-3987.

56.   Quinteros, M. A., Aiassa Martínez, I. M., Dalmasso, P. R., & Páez, P. L. (2016). Silver nanoparticles: biosynthesis using an ATCC reference strain of *Pseudomonas aeruginosa* and activity as broad spectrum clinical antibacterial agents. International journal of biomaterials, doi.org/10.1155/2016/5971047.

57.   Quinteros, M. A., Bonilla, J. O., Alborés, S. V., Villegas, L. B., & Páez, P. L. (2019). Biogenic nanoparticles: synthesis, stability and biocompatibility mediated by proteins of *Pseudomonas aeruginosa*. Colloids and surfaces B: biointerfaces, 184, 110517.

58.   Tanzil, A. H., Sultana, S. T., Saunders, S. R., Shi, L., Marsili, E., & Beyenal, H. (2016). Biological synthesis of nanoparticles in biofilms. Enzyme and microbial technology, 95, 4-12.

59.   Chandki, R., Banthia, P., & Banthia, R. (2011). Biofilms: A microbial home. Journal of indian society of periodontology, 15(2), 111-15.

60.   Kalathil, S., Lee, J., & Cho, M. H. (2011). Electrochemically active biofilm-mediated synthesis of silver nanoparticles in water. Green chemistry, 13(6), 1482-1485.

61.   Wang, C., Kim, Y. J., Singh, P., Mathiyalagan, R., Jin, Y., & Yang, D. C. (2016). Green synthesis of silver nanoparticles by *Bacillus methylotrophicus*,

and their antimicrobial activity. Artificial cells, nanomedicine, and biotechnology, 44(4), 1127-1132.

62.   Presentato, A., Piacenza, E., Anikovskiy, M., Cappelletti, M., Zannoni, D., & Turner, R. J. (2018). Biosynthesis of selenium-nanoparticles and-nanorods as a product of selenite bioconversion by the aerobic bacterium *Rhodococcus aetherivorans* BCP1. New biotechnology, 41, 1-8.

63.   Omran, B. A., Nassar, H. N., Fatthallah, N. A., Hamdy, A., El-Shatoury, E. H., & El-Gendy, N. S. (2018). Characterization and antimicrobial activity of silver nanoparticles mycosynthesized by *Aspergillus brasiliensis*. Journal of applied microbiology, 125(2), 370-382.

64.   Ma, L., Su, W., Liu, J. X., Zeng, X. X., Huang, Z., Li, W., ... & Tang, J. X. (2017). Optimization for extracellular biosynthesis of silver nanoparticles by *Penicillium aculeatum* Su1 and their antimicrobial activity and cytotoxic effect compared with silver ions. Materials science and engineering: C, 77, 963-971.

65.   Madakka, M., Jayaraju, N., & Rajesh, N. (2018). Mycosynthesis of silver nanoparticles and their characterization. MethodsX, 5, 20-29.

66.   Mukherjee, P., Ahmad, A., Mandal, D., Senapati, S., Sainkar, S. R., Khan, M. I., ... & Sastry, M. (2001). Bioreduction of AuCl$_4^-$ ions by the fungus, *Verticillium* sp. and surface trapping of the gold nanoparticles formed. Angewandte Chemie international edition, 40(19), 3585-3588.

67.   Ji, Y., Cao, Y., & Song, Y. (2019). Green synthesis of gold nanoparticles using a *Cordyceps militaris* extract and their antiproliferative effect in

liver cancer cells (HepG2). Artificial cells, nanomedicine, and biotechnology, 47(1), 2737-2745.

68.	Durán, N., Marcato, P. D., Alves, O. L., De Souza, G. I., & Esposito, E. (2005). Mechanistic aspects of biosynthesis of silver nanoparticles by several *Fusarium oxysporum* strains. Journal of nanobiotechnology, 3(1), 8-12.

69.	Ahmad, A., Mukherjee, P., Mandal, D., Senapati, S., Khan, M. I., Kumar, R., & Sastry, M. (2002). Enzyme mediated extracellular synthesis of CdS nanoparticles by the fungus, *Fusarium oxysporum.* Journal of the american chemical society, 124(41), 12108-12109.

70.	Kumar, S. A., Ansary, A. A., Ahmad, A., & Khan, M. I. (2007). Extracellular biosynthesis of CdSe quantum dots by the fungus, *Fusarium oxysporum.* Journal of biomedical nanotechnology, 3(2), 190-194.

71.	Agnihotri, M., Joshi, S., Kumar, A. R., Zinjarde, S., & Kulkarni, S. (2009). Biosynthesis of gold nanoparticles by the tropical marine yeast *Yarrowia lipolytica* NCIM 3589. Materials letters, 63(15), 1231-1234.

72.	Alghuthaymi, M. A, Almoammar, H, Rai, M, Said-Galiev E, Abd-Elsalam K. A. (2015). Myconanoparticles: synthesis and their role in phytopathogens management. Biotechnol biotechnol equip 29(2):221–236.

73.	Derner, R. B., Ohse, S., Villela, M., Carvalho, S. M. D., & Fett, R. (2006). Microalgae, products and applications. Ciência rural, 36(6), 1959-1967.

74.	Parial, D., Patra, H. K., Dasgupta, A. K., & Pal, R. (2012). Screening of different algae for green synthesis of gold nanoparticles. European journal of phycology, 47(1), 22-29.

75. Terra, A. L. M., Kosinski, R. D. C., Moreira, J. B., Costa, J. A. V., & Morais, M. G. D. (2019). Microalgae biosynthesis of silver nanoparticles for application in the control of agricultural pathogens. Journal of environmental science and health, Part B, 54(8), 709-716.

76. Patel, V., Berthold, D., Puranik, P., & Gantar, M. (2015). Screening of cyanobacteria and microalgae for their ability to synthesize silver nanoparticles with antibacterial activity. Biotechnology reports, 5, 112-119.

77. da Silva Ferreira, V., ConzFerreira, M. E., Lima, L. M. T., Frasés, S., de Souza, W., & Sant'Anna, C. (2017). Green production of microalgae-based silver chloride nanoparticles with antimicrobial activity against pathogenic bacteria. Enzyme and microbial technology, 97, 114-121.

78. Namvar, F., Azizi, S., Ahmad, M. B., Shameli, K., Mohamad, R., Mahdavi, M., & Tahir, P. M. (2015). Green synthesis and characterization of gold nanoparticles using the marine macroalgae *Sargassum muticum*. Research on chemical intermediates, 41(8), 5723-5730.

79. Azizi, S., Namvar, F., Mahdavi, M., Ahmad, M. B., & Mohamad, R. (2013). Biosynthesis of silver nanoparticles using brown marine macroalga, *Sargassum muticum* aqueous extract. Materials, 6(12), 5942-5950.

80. Carnovale C., Bryant G., Shukla R., Bansal V. (2019). Identifying trends in gold nanoparticle toxicity and uptake: size, shape, capping ligand, and biological corona. ACS omega 4(1):242–256.

81. Sendra M., Yeste P. M, Moreno-Garrido I., Gatica J. M, Blasco J. (2017). CeO$_2$ NPs, toxic or protective to phytoplankton? Charge of nanoparticles

and cell wall as factors which cause changes in cell complexity. Sci total environ 590-591:304–315.

82. Panda, K. K., Achary, V. M. M., Krishnaveni, R., Padhi, B. K., Sarangi, S. N., Sahu, S. N., & Panda, B. B. (2011). *In vitro* biosynthesis and genotoxicity bioassay of silver nanoparticles using plants. Toxicology in vitro, 25(5), 1097-1105.

83. Sarkar J, Chattopadhyay D, Patra S, Singh Deo S, Sinha S, Ghosh M, Mukherjee A, Acharya K (2011) *Alternaria alternata* mediated synthesis of protein capped silver nanoparticles and their genotoxic activity. Digest J nanomater biostructures (DJNB) 6(2):563–573.

84. Brandenberger C, Mühlfeld C, Ali Z, Lenz AG, Schmid O, Parak WJ, Gehr P, Rothen-Rutishauser B. (2010). Quantitative evaluation of cellular uptake and trafficking of plain and polyethylene glycolcoated gold nanoparticles. Small 6(15):1669–1678.

85. Cho, E. C., Au, L., Zhang, Q., & Xia, Y. (2010). The effects of size, shape, and surface functional group of gold nanostructures on their adsorption and internalization by cells. Small, 6(4), 517-522.

86. Fröhlich, E. (2012). The role of surface charge in cellular uptake and cytotoxicity of medical nanoparticles. International journal of nanomedicine, 7, 5577-5587.

87. Das, R. K., Brar, S. K., & Verma, M. (2016). Checking the biocompatibility of plant-derived metallic nanoparticles: molecular perspectives. Trends in biotechnology, 34(6), 440-449.

88.	Davis, C. G., Van Driel, I. R., Russell, D. W., Brown, M. S., & Goldstein, J. L. (1987). The low density lipoprotein receptor. Identification of amino acids in cytoplasmic domain required for rapid endocytosis. Journal of biological chemistry, 262(9), 4075-4082.

89.	Yang, H., Fung, S. Y., & Liu, M. (2011). Programming the cellular uptake of physiologically stable peptide–gold nanoparticle hybrids with single amino acids. Angewandte chemie international edition, 50(41), 9643-9646.

90.	Pareek, V., Bhargava, A., Bhanot, V., Gupta, R., Jain, N., & Panwar, J. (2018). Formation and characterization of protein Corona around nanoparticles: a review. Journal of nanoscience and nanotechnology, 18(10), 6653-6670.

91.	Barbero, F., Russo, L., Vitali, M., Piella, J., Salvo, I., Borrajo, M. L., ... & Puntes, V. (2017). Formation of the protein corona: the interface between nanoparticles and the immune system. In seminars in immunology. Academic Press, 34, 52-60.

92.	Durán, N., Silveira, C. P., Durán, M., & Martinez, D. S. T. (2015). Silver nanoparticle protein corona and toxicity: a mini-review. Journal of nanobiotechnology, 13(1), 55,Doi.org/10.1186/s12951-015-0114-4.

93.	Chaloupka, K., Malam, Y., & Seifalian, A. M. (2010). Nanosilver as a new generation of nanoproduct in biomedical applications. Trends in biotechnology, 28(11), 580-588.

94.	Sanguiñedo, P., Fratila, R. M., Estevez, M. B., de la Fuente, J. M., Grazú, V., & Alborés, S. (2018). Extracellular biosynthesis of silver nanoparticles using fungi and their antibacterial activity. Nano biomedicine and engineering, 10(2), 156-64.

95.   Padil, V. V. T., & Černík, M. (2013). Green synthesis of copper oxide nanoparticles using *gum karaya* as a biotemplate and their antibacterial application. International journal of nanomedicine, 8, 889-98.

96.   Cremonini, E., Zonaro, E., Donini, M., Lampis, S., Boaretti, M., Dusi, S., ... & Vallini, G. (2016). Biogenic selenium nanoparticles: characterization, antimicrobial activity and effects on human dendritic cells and fibroblasts. Microbial biotechnology, 9(6), 758-771.

97.   Parveen, S., Wani, A. H., Shah, M. A., Devi, H. S., Bhat, M. Y., & Koka, J. A. (2018). Preparation, characterization and antifungal activity of iron oxide nanoparticles. Microbial pathogenesis, 115, 287-292.

98.   Parsameher, N., Rezaei, S., Khodavasiy, S., Salari, S., Hadizade, S., Kord, M., & Mousavi, S. A. A. (2017). Effect of biogenic selenium nanoparticles on ERG11 and CDR1 gene expression in both fluconazole-resistant and-susceptible *Candida albicans* isolates. Current medical mycology, 3(3), 16-20.

99.   Zare, B., Sepehrizadeh, Z., Faramarzi, M. A., Soltany-Rezaee-Rad, M., Rezaie, S., & Shahverdi, A. R. (2014). Antifungal activity of biogenic tellurium nanoparticles against *Candida albicans* and its effects on squalene monooxygenase gene expression. Biotechnology and applied biochemistry, 61(4), 395-400.

100.   Gaikwad, S., Ingle, A., Gade, A., Rai, M., Falanga, A., Incoronato, N., ... & Galdiero, M. (2013). Antiviral activity of mycosynthesized silver nanoparticles

against herpes simplex virus and human parainfluenza virus type 3. International journal of nanomedicine, 8, 4303-14.

101.   Hang, X., Peng, H., Song, H., Qi, Z., Miao, X., & Xu, W. (2015). Antiviral activity of cuprous oxide nanoparticles against hepatitis C virus in vitro. Journal of virological methods, 222, 150-157.

102.   Chen, Y. N., Hsueh, Y. H., Hsieh, C. T., Tzou, D. Y., & Chang, P. L. (2016). Antiviral activity of Graphene–Silver nanocomposites against non-enveloped and enveloped viruses. International journal of environmental research and public health, 13(4), 430, doi: 10.3390/ijerph13040430.

103.   Vijayan, R., Joseph, S., & Mathew, B. (2018). *Indigofera tinctoria* leaf extract mediated green synthesis of silver and gold nanoparticles and assessment of their anticancer, antimicrobial, antioxidant and catalytic properties. Artificial cells, nanomedicine, and biotechnology, 46(4), 861-871.

104.   Subhapradha, N., & Shanmugam, A. (2017). Fabrication of β-chitosan nanoparticles and its anticancer potential against human hepatoma cells. International journal of biological macromolecules, 94, 194-201.

105.   Dakshayani, S. S., Marulasiddeshwara, M. B., Kumar, S., Golla, R., Devaraja, S. R. H. K., & Hosamani, R. (2019). Antimicrobial, anticoagulant and antiplatelet activities of green synthesized silver nanoparticles using *Selaginella* (*Sanjeevini*) plant extract. International journal of biological macromolecules, 131, 787-797.

106.   Kim, H. S., Jun, S. H., Koo, Y. K., Cho, S., & Park, Y. (2013). Green synthesis and nanotopography of heparin-reduced gold nanoparticles with

enhanced anticoagulant activity. Journal of nanoscience and nanotechnology, 13(3), 2068-2076.

107. Prasad, K. S., Vaghasiya, J. V., Soni, S. S., Patel, J., Patel, R., Kumari, M., ... & Selvaraj, K. (2015). Microbial selenium nanoparticles (SeNPs) and their application as a sensitive hydrogen peroxide biosensor. Applied biochemistry and biotechnology, 177(6), 1386-1393.

108. Pandian, C. J., Palanivel, R., & Balasundaram, U. (2017). Green synthesized nickel nanoparticles for targeted detection and killing of *S. typhimurium*. Journal of photochemistry and photobiology b: biology, 174, 58-69.

109. Jin, D., Xi, P., Wang, B., Zhang, L., Enderlein, J., & van Oijen, A. M. (2018). Nanoparticles for super-resolution microscopy and single-molecule tracking. Nature methods, 15(6), 415-423.

110. Fayaz M, Tiwary CS, Kalaichelvan PT, Venkatesan R (2010) Blue orange light emission from biogenic synthesized silver nanoparticles using *Trichoderma viride*. Colloids surf b, 75(1):175–178.

111. Li, T., & Yan, L. (2018). Functional polymer nanocarriers for photodynamic therapy. Pharmaceuticals, 11(4), 133, doi: 10.3390/ph11040133.

112. Krajczewski, J., Rucińska, K., Townley, H. E., & Kudelski, A. (2019). Role of various nanoparticles in photodynamic therapy and detection methods of singlet oxygen. Photodiagnosis and photodynamic therapy, 162-178

113. Pantiushenko, I. V., Rudakovskaya, P. G., Starovoytova, A. V., Mikhaylovskaya, A. A., Abakumov, M. A., Kaplan, M. A., ... & Mironov, A. F. (2015). Development of bacteriochlorophyll a-based near-infrared photosensitizers

conjugated to gold nanoparticles for photodynamic therapy of cancer. Biochemistry (Moscow), 80(6), 752-762.

114. Maliszewska, I., Lisiak, B., Popko, K., & Matczyszyn, K. (2017). Enhancement of the efficacy of photodynamic inactivation of *Candida albicans* with the use of biogenic gold nanoparticles. Photochemistry and photobiology, 93(4), 1081-1090.

115. Pereira, L., Mehboob, F., Stams, A. J., Mota, M. M., Rijnaarts, H. H., & Alves, M. M. (2015). Metallic nanoparticles: microbial synthesis and unique properties for biotechnological applications, bioavailability and biotransformation. Critical reviews in biotechnology, 35(1), 114-128.

116. Torchilin, V. P. (2014). Multifunctional, stimuli-sensitive nanoparticulate systems for drug delivery. Nature reviews drug discovery, 13(11), 813-827.

117. Anselmo AC, Mitragotri S. (2016). Nanoparticles in the clinic. Bioeng transl med 1:10–29.

118. Bobo, D., Robinson, K. J., Islam, J., Thurecht, K. J., & Corrie, S. R. (2016). Nanoparticle-based medicines: a review of FDA-approved materials and clinical trials to date. Pharmaceutical research, 33(10), 2373-2387.

119. Bannunah AM, Vllasaliu D, Lord J, Stolnik S. (2014). Mechanisms of nanoparticle internalization and transport across an intestinal epithelial cell model: effect of size and surface charge. Mol pharmaceutics 11:4363–73.

120. Zhong, J., Xia, Y., Hua, L., Liu, X., Xiao, M., Xu, T., ... & Cao, H. (2019). Functionalized selenium nanoparticles enhance the anti-EV71 activity of

oseltamivir in human astrocytoma cell model. Artificial cells, nanomedicine, and biotechnology, 47(1), 3485-3491.

121.   Parikh, R. Y., Singh, S., Prasad, B. L. V., Patole, M. S., Sastry, M., & Shouche, Y. S. (2008). Extracellular synthesis of crystalline silver nanoparticles and molecular evidence of silver resistance from *Morganella* sp.: towards understanding biochemical synthesis mechanism. ChemBioChem, 9(9), 1415-1422.

122.   Elsupikhe, R. F., Shameli, K., Ahmad, M. B., Ibrahim, N. A., & Zainudin, N. (2015). Green sonochemical synthesis of silver nanoparticles at varying concentrations of κ-carrageenan. Nanoscale research letters, 10(1), 302. doi: 10.1186/s11671-015-0916-1.

123.   Shameli, K., Ahmad, M. B., Yunus, W. M. Z. W., Ibrahim, N. A., Gharayebi, Y., & Sedaghat, S. (2010). Synthesis of silver/montmorillonite nanocomposites using γ-irradiation. International journal of nanomedicine, 5, 1067.

124.   Hussain, I., Singh, N. B., Singh, A., Singh, H., & Singh, S. C. (2016). Green synthesis of nanoparticles and its potential application. Biotechnology letters, 38(4), 545-560.

125.   Durán, N., Durán, M., De Jesus, M. B., Seabra, A. B., Fávaro, W. J., & Nakazato, G. (2016). Silver nanoparticles: A new view on mechanistic aspects on antimicrobial activity. Nanomedicine: nanotechnology, biology and medicine, 12(3), 789-799.

126.   Basavaraja, S., Balaji, S. D., Lagashetty, A., Rajasab, A. H., & Venkataraman, A. (2008). Extracellular biosynthesis of silver nanoparticles using the fungus *Fusarium semitectum*. Materials research bulletin, 43(5), 1164-1170.

127.   Li, W. R., Xie, X. B., Shi, Q. S., Zeng, H. Y., You-Sheng, O. Y., & Chen, Y. B. (2010). Antibacterial activity and mechanism of silver nanoparticles on *Escherichia coli*. Applied microbiology and biotechnology, 85(4), 1115-1122.

128.   Quinteros, M. A., Aristizábal, V. C., Dalmasso, P. R., Paraje, M. G., & Páez, P. L. (2016). Oxidative stress generation of silver nanoparticles in three bacterial genera and its relationship with the antimicrobial activity. Toxicology in vitro, 36, 216-223.

yes I want morebooks!

Buy your books fast and straightforward online - at one of world's fastest growing online book stores! Environmentally sound due to Print-on-Demand technologies.

Buy your books online at
www.morebooks.shop

¡Compre sus libros rápido y directo en internet, en una de las librerías en línea con mayor crecimiento en el mundo! Producción que protege el medio ambiente a través de las tecnologías de impresión bajo demanda.

Compre sus libros online en
www.morebooks.shop

KS OmniScriptum Publishing
Brivibas gatve 197
LV-1039 Riga, Latvia
Telefax: +371 686 204 55

info@omniscriptum.com
www.omniscriptum.com

Printed by Books on Demand GmbH, Norderstedt / Germany